Die ältesten Mosellieder.

Die Mosella des Ausonius

und

die Moselgedichte des Fortunatus.

Deutsch in den Versmaßen der Urschrift von

Karl Hessel.

Zweite, durchgesehene Auflage.

Bonn,

A. Marcus und E. Weber's Verlag

1904.

Etwas über Ausonius und Fortunatus.

Um das Jahr 310 n. Chr. G. ist Decimus Magnus Ausonius zu Bordeaux (Burdigala) geboren; sein Vater war ein angesehener Arzt, sein Oheim Arborius wirkte zu Toulouse (Tolosa) als gefeierter Lehrer der Redekunst, bei letzterem genoß er eine sorgfältige gelehrte Erziehung. Als der Oheim vom Kaiser Konstantin nach Byzanz berufen ward als Erzieher der kaiserlichen Prinzen, kehrte Ausonius, nun zwanzigjährig, in die Heimat zurück, wurde dort Lehrer der Rhetorik und Anwalt und verheiratete sich mit Attusia Lucana Sabina, der Tochter eines Senators, die leider schon im 28. Lebensjahr starb und dem trauernden Gatten drei Kinder hinterließ. Ausonius hat sich nicht wieder vermählt. Inzwischen wuchs der Ruf seiner Lehrbegabung, wie seiner schriftstellerischen und dichterischen Tätigkeit, und als der Kaiser Valentinian I., der zu Trier residierte, für seinen sechsjährigen Sohn Gratian nach einem Erzieher sich umsah, fiel seine Wahl auf Ausonius, der im Jahre 365 in die Moselstadt übersiedelte. Im Gefolge der beiden Kaiser — Valentinian hatte seinen jungen Sohn zum Mitregenten ernannt — nahm Ausonius im Jahre 369 an dem Feldzug gegen die Alemannen teil, die am Neckar und bei Lupodunum (Ladenburg bei Heidelberg) geschlagen wurden. Als Kriegsbeute verehrte der Kaiser dem Dichter ein kleines Schwabenmädchen — Sueva virguncula nennt sie dieser — Bissula mit Namen, die der alleinstehende Mann sorgfältig erzog und deren Zuneigung ihm später die Tage des Alters sonnig verklärte. Noch sind uns einige Liedchen erhalten, die er auf Bissula gedichtet hat. Ich kann mich nicht enthalten, wenigstens eins davon mitzuteilen, weil es uns höchst lebendig zeigt, wie sehr die eigenartige germanische Schönheit die Römer bezauberte:

„Drüben über dem kühlen Rhein, an der Quelle der Donau,
 Dort wohnt Bissulas Volk, dorten ist Bissula her.
Mir ward das kriegsgefangene Kind als Beute verehret,
 Nun ist sie frei und herrscht über mein jauchzendes Herz.
Ohne der Mutter Gebot und ohne der Pflegerin Strenge
 Wuchs sie heran, und frei ist sie geblieben bis heut,
Fühlte die Schicksalsschläge noch nicht und die Schmach ihres Volkes,
 Nimmer der Knechtschaft Los hat sie erduldet: ist frei!
Doch nicht wandelt' des Siegers Gunst die germanische Art ihr:
 Blond ist das Haar, die Gestalt hoch, und die Augen sind blau;

Nur wenn sie redet, die Hehre, dann scheint sie ein doppeltes Wesen.
Römerin, denk ich, und doch bleibt sie ein rheinisches Kind!"

Bald nach der Rückkehr aus dem Alemannenkriege, 370 oder 371, schuf Ausonius sein poetisches Hauptwerk, das Mosellied, die „Mosella"; gleich die Einleitung zeigt uns den Dichter auf der Heimreise von jenem Feldzug: vom Rhein her kommend, überschreitet er bei Bingen die Nahe, um über die Hunsrückstraße der Mosel zuzustreben. Die Gunst des Kaisers, dem 371 ein Sohn aus zweiter Ehe, der spätere Kaiser Valentinan II., geboren worden war, dessen Erziehung dem Ausonius gleichfalls obliegen sollte, erhob nunmehr den Dichter von Stufe zu Stufe: er ward Comes, dann Quästor sacri palatii. Da starb 375 Valentinian, und der sechzehnjährige Gratian ward Alleinherrscher. Das Lob, das die Geschichte diesem Herrscher spendet, ist zugleich eine Anerkennung für den Mann, der das Kaiserkind erzogen hatte. Gratian hielt seinen Lehrer so hoch, daß er ihn 378 zum Präfektus prätorio für Gallien und Italien machte und im Jahre 379 zum Konsul, ihm damit die höchste Würde verleihend, die er zu vergeben hatte. Schon 383 wurde Gratian durch den Tyrannen Maximus gestürzt und zu Lyon ermordet. Tieferschüttert verließ Ausonius Trier und zog sich in die burdigalische Heimat zurück, wo er in hohen Ehren noch manches Jahr sich der Muße erfreute und noch zahlreiche Poesien schuf, allerdings meist gelehrte oder persönliche Kleinigkeiten. In den neunziger Jahren des Jahrhunderts scheint er gestorben zu sein.

Innige Freundschaft verband ihn mit vielen trefflichen Männern und Frauen; seine ganze Verwandtschaft, seine Amtsgenossen und Freunde hat er in Versen gefeiert; von seinen Freunden seien genannt der gelehrte Symmachus, der ihm besonders zärtlich ergebene fromme Paulinus, der damals als christlicher Priester in Spanien lebte und als Bischof von Nola in Kampanien gestorben ist, endlich Anicius Petronius Probus, der im Jahre 371 Konsul ward, eine Auszeichnung, auf die in der Mosella (Vers 409 bis 413) als ein gerade eingetretenes Ereignis angespielt wird.

Daß Ausonius Christ war, ist schon darum anzunehmen, weil zwei seiner Tanten Nonnen waren und sein liebster Freund Priester, auch finden sich unter seinen Poesien Gebete an den Ewigen Vater und ein Osterhymnus. Doch war seine Bildung eine klassisch-heidnische, wir würden sagen eine humanistische. In die heidnisch-römische Literatur und Mythologie sind all seine Dichtungen getaucht, deren Gedankenkreise sind auch die seinen, so daß seine Poesie als Nachahmung zu bezeichnen ist, wie das im Grunde stets bei den Erzeugnissen bildungssatter und bildungsmüder Zeitalter der Fall ist: Ausonius verhält sich zu einem Ovid wie etwa ein

Guido Reni zu Rafael. Immerhin ist er neben Claudian der bedeutendste römische Dichter jener niedergehenden Zeit des vierten nachchristlichen Jahrhunderts; sein Hauptwerk, die Mosella, ward noch nach manchem Jahrhundert viel gelesen nnd hochgefeiert. In der Tat, trotz aller angedeuteten Schwächen ist dies Mosellied so prachtvoll mit rhetorischem Glanze übergossen, dabei anmutig und eines leichten Anfluges von Humor nicht ermangelnd, daß es anmutet wie ein sanftes Abendrot des langen Tages der römischen Kultur.

Die Mosella ist wiederholt ins Deutsche übertragen worden, schon 1782 von dem Trarbacher Gymnasiallehrer Röhde (nur in Bruchstücken gedruckt), dann 1802 von dem Koblenzer Lassaulx, 1818 von Adam Storck, 1821 von Ludwig Troß, 1822 von Karl Geib. Für unsere heutigen Ansprüche sind diese Übersetzungen wertlos. Der berühmte Pandektist Eduard Böcking, ein geborener Trarbacher, hat 1828 seine höchst verdienstvolle kritische Textausgabe der Mosella mit einer Übersetzung begleitet, die er 1845 völlig umgestaltet in den Jahrbüchern des Vereins von Altertumsfreunden im Rheinlande unter Hinzufügung der drei Moselgedichte des Fortunatus nochmals zum Abdruck brachte. Endlich hat Viehoff, der verstorbene Trierer Schuldirektor, 1885 die Mosella in gereimte Stanzen umgedichtet unter Weglassung der Abschnitte, die einer solchen Bearbeitung zu hartnäckig widerstrebten; bruchstückweise hat auch Bacmeister die Mosella in deutsche Reime übertragen, in seinen alemannischen Wanderungen Bd. I. Die Übersetzungen von Böcking sind wortgetreu, aber schwerfällig, so daß man vieles erst versteht, wenn man den lateinischen Grundtext zu Rate zieht, die Stanzen von Viehoff sind flüssig, aber allzufrei, vor allem geben sie der Dichtung einen so romantischen Charakter, wie sie ihn in diesem Maße denn doch nicht hat. Wer Tassos Versmelodien nachbildet, der malt unwillkürlich die ganze Welt auch mit Tassos Farben, aber Ausonius ist nun einmal nicht Tasso, sondern Ausonius. Die vorliegende Übersetzung will den Sinn bis ins einzelne treu wiedergeben, aber in modernem Deutsch, in deutschem Satzbau, so daß alles dem Leser sofort verständlich sein soll, vor allem aber soll der rhetorische Schmelz, den das Original hat, auch über die deutsche Nachbildung gegossen sein. Daß Übersetzungen wenn irgend möglich das Versmaß des Originals beibehalten sollen, ist für mich ein ästhetischer Glaubenssatz. Zu Grunde gelegt ist der lateinische Text der neuesten Ausgabe der Mosella von Karl Hosius (Marburg, Elwert, 1894) unter Heranziehung der Ausgaben von Böcking und der von Schenkl in den Monumenta Germanica. Nur in Vers 370 ist das nec in ac umgewandelt, zwar gegen alle Handschriften, aber der Wahrheit entsprechend, denn die Elz ist doch kleiner als die Saar; daß Ausonius das nicht gewußt haben sollte, konnte ich mich nicht entschließen anzunehmen. Auch schien mir Vers 206 Böckings Einschaltung entbehrlich. Zum Studium des Urtextes sei die erwähnte billige und treffliche Ausgabe von Hosius angelegentlichst empfohlen. Auch persönlich diesem Herrn für manchen freundlichen Wink verbindlichen Dank!

Die in Vers 454 der Mosella ausgesprochene Absicht hat Ausonius später nur insoweit verwirklicht, als er in einem längeren Gedichte die berühmtesten Städte des römischen Reiches gefeiert, von den Moselstädten aber nur Trier die sieben Verszeilen gewidmet hat, die wir deutsch wiedergeben.

Die Mosellieder des Venantius Honorius Clementianus Fortunatus sind zweihundert Jahre später gedichtet als die Mosella des Ausonius; aber wie hatte sich in diesem Zeitraum die Bühne geändert! Der Rhein war nicht mehr lange der stolze Grenzwall gegen die Franken geblieben, als den Ausonius ihn preist; Trier lag nicht mehr mitten im Schoße des Friedens; die Germanen hatten vielmehr das römische Gallien längst überflutet, die Kaiserstadt Trier war dreimal, viermal geplündert und verbrannt worden, hatte aber aus dem Schutt sich wieder erhoben, die Kaiserpaläste freilich waren Ruine geblieben; ein christlicher Frankenkönig herrschte über „Austrasien", wie das östliche Frankenreich nun hieß, und hatte zu Metz und zu Andernach seine Königshöfe.

Fortunatus ist um 536 in Oberitalien geboren; zu Ravenna genoß er seine Ausbildung als Rhetor. Die Befreiung von einem Augenübel schrieb er der Fürbitte des heiligen Martin zu, und seinen Dank wollte er am Grabe des Heiligen zu Tours selbst niederlegen. So durchpilgerte er das Frankenreich, befreundete sich mit dem berühmten Bischof Gregor von Tours und kam in enge Beziehungen zu den fränkischen Königsfamilien, besonders zu dem austrasischen König Siegebert und seiner Gemahlin Brunhilde, dem historischen Vorbild für die mythisch-poetische Brunhilde des Nibelungenliedes. Mit Siegebert und den Seinen machte er jene Mosel- und Rheinfahrt von Metz bis Andernach, deren Übersetzung wir hier bieten. Außer einer ausführlichen poetischen Biographie des heiligen Martin in vier Büchern, vielen frommen Hymnen — worunter die hochgefeierten: Pangue lingua gloriosi und der Weihnachtsgesang Vexilla regis prodeunt — Briefen, Epigrammen und symbolischen Versspielereien besitzen wir von ihm elf Bücher Gedichte, meist an hochgestellte Männer und Frauen des fränkischen Reiches gerichtet, die in ihrer Gesamtheit ein hochwertvolles Kulturbild des christlichen Frankenzeitalters geben. Die innige Freundschaft, die ihn mit

Radegunde, der einstigen Gemahlin von König Chlotar I. und mit deren Pflegetochter Agnes verband, veranlaßte den Dichter, seinen dauernden Wohnsitz in Poitiers zu nehmen, wo Radegunde ein Kloster gestiftet hatte, dem Agnes vorstand. In Poitiers empfing Fortunatus die Priesterweihe, dort ist er auch als Bischof gestorben, wahrscheinlich im ersten Jahrzehnt des siebenten Jahrhunderts.

Fortunatus hat eine sehr große ursprüngliche Dichterbegabung, so daß er bei weitem der bedeutendste, ja der einzig wirkliche lateinische Dichter des sechsten nachchristlichen Jahrhunderts ist. Er hat noch eine klassisch-römische, sehr vielseitige Bildung, aber diese ist in andere Gedankenkreise getaucht, als wir bei Ausonius wahrnehmen, einerseits in das Christentum, andrerseits in die politische Welt der Franken. Sein Latein ist schon sehr verschieden von dem des Ausonius, möge man das nun als Verfall oder als Weiterbildung der Sprache ansehen: Neubildungen aller Art, besonders aber abstrakte Wendungen und Wortgebilde, treten auf, die Neigung zu Reimen und Klangspielereien ist erwacht und drängt sich fremdartig sogar in die Distichen ein, die sich auch sonst vielfach über die klassischen Versgesetze hinweggesetzt haben. Besonders auffallend ist die Alliteration in dem Gedicht an Vilicus zu finden; unsere Übersetzung hat sich bemüht, diese Erscheinung wiederzugeben

Wo die von Fortunatus gefeierte Burg des Nicetius gestanden hat, ist bis jetzt unermittelt. Böcking vermutet, auf dem rechten Moselufer, bei Burgen, dessen Name ja auf eine Burg hinweist, die einst da gestanden haben mag. Jedenfalls trägt der Bach, der dort in die Mosel fällt, noch heute den Namen „Rhon", und der gegenüberliegende Bischofstein könnte recht wohl das „Heiligenhaus" gewesen sein, das der Nicetiusburg benachbart war. Dort reichte auch das Maifeld noch auf das rechte Ufer hinüber; freilich ist es ungewiß, ob das Mediolanum des Textes wirklich Maifeld bedeutet. Trümmer sind bei Burgen bis jetzt noch nicht nachgewiesen. Auch der Umstand, daß zwischen Burg und Zeughaus die Mosel fließt, spricht gegen Burgen — Bischofstein. Hosius, der in seine Mosella-Ausgabe nach Böckings Vorgange auch die drei Moselgedichte des Fortunatus aufgenommen hat, denkt an Cobern mit seiner Doppelburg. In den Bonner Jahrbb. 92, 264 wird die Burg an die Mündung der Thron bei Neumagen gelegt, wo ein Ort Medelingen gelegen hat = Mediolanum.

Die Schilderung von Metz ist nur die Einleitung zu einem Lobgedicht auf den Bischof Vilicius. Der Fortunatus-Text, den wir benutzten, ist der von Leo in in den Monumenta Germanica.

Koblenz. **Dr. Karl Hessel.**

Inhalt.

Ausonius.

Die Mosel.

I. Reise des Dichters von Bingen über den Hunsrück an die Mosel (Vers 1—22).

Über die Nahe war ich gegangen, den nebelumwogten,
Eilenden Strom, nachdem ich gestaunt, daß wiederum Mauern
Bingen umziehen, das alte; für Gallien war es ein Cannä
Einst, wo zahllos ruhn seine Krieger, ferne der Heimat.
Tief in die Wälder hinein nun tauchte die einsame Straße,
Weit blieb jegliche Spur zurück des menschlichen Anbaus;
An Dumnissus kam ich vorbei, auf trockenen Fluren
Dürstend gelegen, und dann bei den quellenreichen Tabernen,
Auch am Gefilde, das jüngst sarmatischen Pflanzern verliehn ward;
Endlich winkt sie, die herrliche Burg von weiland Kaiser
Konstantin: Neumagen im vorderen belgischen Lande.
Hier weht reinere Luft, und im heitern, sonnigen Glanze
Tut sich wiederum auf der purpurfarbene Himmel;
Nicht mehr durch das Gehege der dichtverschlungenen Äste
Suchen wir ihn und finden nur immer waldige Dämmrung:
Nein, jetzt hebt sich das Auge, von Fesseln frei, zu dem Äther,
Schweift in der Lüfte Glanz, in die ungemessene Ferne.
Ach! das mutet mich an, als säh ich die schimmernde Heimat
Vor mir, mein Bordeaux! derselbe liebliche Anblick:
Prächtige Villen, wie dort, auf Ufers Höhen gegründet,
Hügel, wie dort, mit Reben umgrünt, und freundliche Wasser,
Leises, sanftes Gemurmel der ruhig fließenden Mosel!

II. **Allgemeines Lob der Mosel; ihr klares Wasser** (Vers 23–74).

Gruß dir, Strom! Glückselig Land, glückselige Menschen!
Du gabst Belgien Trier, zum Kaisersitze gewürdigt,
Strom, des Höhen bepflanzt mit des Bacchus duftender Gabe,
Ringsum grünender Strom, des Ufer mit Rasen bepflanzt ist!
Trägst, wie der Ozean Schiffe, und bist doch ein Fluß, dessen Woge
Abwärts rollt, du gleichest dem See an kristallener Tiefe,
Gleichest dem freundlichen Bach, der schlängelnd sich durch die Auen
Zieht, und gewährst wie der Quell zum Trunk uns kühlende Labung.
Also vereinst du, Mosel, der Quelle, des Bachs und des Stromes
Vorzug, gleichest dem See und dem ebbenden, flutenden Meere.
Sanft nur strömt dein Wasser dahin, nicht hast du der Stürme
Wut zu bestehn, dir droht kein Kampf mit verborgenen Klippen,
Nirgend zwingen zu eilendem Lauf dich reißende Schnellen,
Inseln legen sich nicht anmaßend dir in das Strombett,
Daß du umgehen sie müßtest, zerteilt in dürftige Arme,
Die dir entzögen vielleicht des Stromes stolze Benennung.
Doppelt machst du den Weg, denn abwärts fließen die Wasser,
Ruder schlagen im Takt in die schnell hineilenden Wogen,
Aber rastlos gehen inzwischen am Ufer die Schiffer,
Achsel und Nacken umschlingt das Seil, das am Maste befestigt,
Rückwärts drängen die Flut sie, und widerwillig, o Mosel,
Folgest du, bang, zu versäumen die vorgeschriebene Reise.
Nicht mit sumpfentsprossenem Schilf sind die Ufer umwoben,
Nicht überziehst du schleichenden Laufs mit schmutzigem Schlamme
Dir das Gestad: man erreicht dein Flußbett trockenen Fußes!
Geht nur und leget die Böden euch aus mit phrygischen Platten,
Pflastert mit Marmorgetäfel die Hallen euch über und über,
Mir aber gönnt, zu verachten die Schätze der Kunst und des Reichtums,
Nur dein Werk zu lieben, Natur, und nicht des Verschwenders
Pracht, der sorglos praßt und zutreibt sicherer Armut:
Hier ist mit festem Kiese der Boden, der feuchte, gepflastert,
Wo kein schreitender Fuß je bleibende Spuren zurückläßt.
Schauen bis auf den Grund dir, Fluß, nichts bleibt uns verborgen,
Blicken von oben hinab wie durch Glas; wie das wogende Luftmeer

Weit sich öffnet dem Auge bis an das lichte Gewölbe
Und auch die Winde, die sanften, nicht wehren ins Weite zu schweifen,
Also schauen wir alles, was unten im Strome versenkt liegt,
Sanft nur treiben die Wogen, enthüllt ist der Tiefe Geheimnis,
Offen breitet sich aus der Grund, durchsichtiges Wasser
Zeigt uns, drunten verstreut, viel bläulich beleuchtete Bilder:
Zeigt, wie der Sand sich kräuselt und furcht in der leiseren Strömung,
Zeigt, wie der Grashalm schwankt und nickt in der grünlichen Tiefe,
Wie dort Wasserpflanzen mit Beben am heimischen Standort
Dulden der Wogen Schwall, wie der Kiesel schimmert und schwindet
Wechselnd, und wie die Steine mit grünlichem Moose bezogen.
So ist es hoch im Norden an britischen Meeres Gestaden,
Wenn uns die Ebbe das Seegras zeigt und die roten Korallen
Und das Entzücken der Menschen, die muschelgeborenen Perlen
Schimmern läßt, wenn die Woge des reichen Ozeans bloßlegt
All ihren Schmuck, so zierlich geformt wie künstliches Kleinod:
Seht, so zeiget die Mosel uns still in der lustigen Tiefe
Drunten das bunte Gestein und verschiedenfarbige Gräser.

III. Die Moselfische (Vers 75—149).

Aber dazwischen da spielen und schlüpfen in buntem Gewimmel
Muntere Fische, der spähende Blick verirrt sich und folgt kaum:
Schier unmöglich ist es, die Gattungen alle zu zählen,
Alle die Sprossen gar von dem weitverzweigten Geschlechte,
Das da wimmelt und das da drängt, der Strömung entgegen;
Freilich, im Meere verböt es der Gott, dem dorten die Herrschaft
Fiel zum Los und der mit dem Dreizack schaltet und waltet:
Aber du, die im Strome daheim, du, holde Najade,
Nennest uns wohl etwelche der schuppentragenden Herden,
Die in der bläulichen Flut so lustig schwimmen und schwärmen!
Schuppenbewehrt aus Gras und Sand glotzt dorten der Dickkopf,
Köstlich schmecket das Fleisch, doch ganz durchzogen von Gräten,
Und sechs Stunden nur hält es sich frisch zu der leckeren Mahlzeit;
Dann die Forelle, gesprenkelt den Rücken mit purpurnen Tupfen;

Drauf Neunauge, die keinen verletzt mit spitzigen Knochen.
Äsche, die flinke, man sieht sie kaum, husch! ist sie verschwunden.
Wo die Pfeiler der Brücke wie Klippen zu sechsfacher Mündung
Zwingen die Saar, die gewundene, seht, da schlüpfest du, Barbe,
Lustig hindurch zur Mosel, dem Strom, der größeren Ruhm hat;
Weiter ist dorten die Bahn, und freier übst du die Schwimmfahrt.
Schmackhafter wirst du, je älter du wirst; von allem, was lebet,
Fiel dies Los dir allein, mit dem Alter geschätzter zu werden.
Doch nun komm ich zu dir mit dem rötlich schimmernden Fleische,
Salm! sobald du unter der Flut mit dem kräftigen Schwanze
Schlägst das Wasser, so pflanzt sich fort die starke Bewegung,
Droben merkt man es wohl, kommst du durch die Tiefe geschossen;
Fest ist die Brust mit Schuppen umpanzert, doch glatt ist der Kopf dir;
Wird bei dem Mahle die Wahl uns schwer, du bringst die Entscheidung,
Auch dem Verderben trotzt auf lange die leckere Schüssel.
Kenntlich bist du am Kopfe mit farbigen Flecken gezeichnet,
Feist ist der Bauch und schwillt von festem, üppigem Fleische.
Manchmal verirrt sich auch hierher die schmucke Lamprete,
Die in Illyrien sonst man fängt und da, wo die Donau
Ister heißt, es verrät auf dem Wasser schwimmender Schaum sie:
So entbehret die Mosel auch diesen gefeierten Gast nicht.
Zeige, wie bunt die Natur dich gemalt hat! es ziehen am Rückgrat
Schwärzliche Punkte sich hin, von gelben Strahlen umgeben,
Und in bläulichem Purpur erglänzt dein schlüpfriger Rücken.
Und auch so fett bist du bis zur Mitte des Leibes, von da ab
Bis zu dem Ende des Schwanzes ist hart und trocken die Haut dir.
Nicht darf ich schweigen von dir, o Barsch! du Wonne des Mahles,
Unter den Fischen im Fluß gleichst du am meisten dem Seefisch,
Ja, Seebarben sogar, den rötlichen, kommst du an Wert gleich:
Ebenso kräftig schmeckt dein Fleisch, und es teilt sich in feste
Scheiben, jedoch die sind voneinander durch Gräten geschieden.
Hier auch hauset der Hecht in Schilf und schlammigen Löchern,
Sonst ein Weiherbewohner, ein Schrecken der quakenden Frösche;
Spaßhaft! Lucius heißt er, als wär er ein römischer Jüngling.
Bringet man gleich sein Fleisch nicht gern auf die Tafel der Reichen,
Siedet ihn doch in qualmigem Dunst der gewöhnliche Garkoch.

Allen bekannt ist die grünliche Schleie, die Speise des Volkes,
Ferner der Weißfisch, den sich die Knaben so häufig erangeln.
Gern auch brät sich der ärmere Mann auf dem Herde den Maifisch;
Lachsforelle, wem wärest du fremd? doch wozu gehörst du?
Bist du ein Lachs, oder bist du Forelle? wohl keines von beiden,
Oder auch beides; man fing dich, noch eh zum Salm du erwachsen.
Dich auch muß ich erwähnen, du hörst ja auch zu der Herde,
Gründling, bist du auch klein: zwei Handbreit ohne den Daumen,
Aber du bist recht fett, zumal wenn du Rogen im Leib hast;
Bist wie die Barbe gestaltet, mit abwärts hängendem Barte.
Endlich will ich, o Stör, dich feiern, mächtiges Meertier,
Flußdelphin, so will ich dich nennen; mit attischem Öle
Scheint dir der Rücken gesalbt; kraftvoll durcheilst du die Tiefe,
Denn dein gewaltiger Leib, der immerbewegliche, zaudert,
Sich in dem Uferschilf, in dem seichteren Wasser zu bergen.
Wenn du ruhigen Gangs den Strom durchschwimmest, da blicken
Staunend die bläulichen Fische dir nach und das grüne Gestade,
Staunen erfaßt die Wogen, und brandend aus ihrem Bette
Brausen sie auf und ergießen erschreckt sich über den Strand hin.
Manchmal so an die Küste des Festlands treibt einen Walfisch
Sturm oder eigene Kraft tief aus dem atlantischen Meere,
Wellen wirft er ans Ufer, und hochauf bäumt sich die Woge,
Niedriger scheint am Gestade die ragende Düne zu werden.
Aber der Stör ist von friedlicher Art, der Walfisch der Mosel,
Schaden stiftet er nicht, sein Erscheinen ehret den Fluß nur.

IV. Weinbau an der Mosel (Vers 150—199).

Doch wir verweilen zu lang bei der Flut und der schlüpfrigen Fische
Schar, und ich meine, wir kennen genug von dem bunten Gelichter!
Fessele lieber den schweifenden Blick uns die Gabe des Bacchus:
Laßt uns zum Weinberg gehn, das ist ein erquicklicher Schauspiel!
Bildete doch Natur das Gebirg hier wie ein Theater:
Hoch ist der Kamm, steigt sanft hinan mit Krümmung und Einschnitt,
Felsen und sonnige Höhn, und alles bepflanzet mit Reben!

Wo der Falerner wächst, ists ähnlich mit Reben umzogen,
So prangt Rhodope, so Pangäa mit Gaben des Weingotts,
Und an dem thrazischen Meer grünt so der ismarische Hügel,
Ach! und so schmückt der Wein auch meine gelbe Garonne!
Bis zu dem obersten Gipfel der schräg ansteigenden Bergwand
Gehn vom Gestade der Mosel hinauf die grünenden Ranken.
Fröhlich ist bei der Arbeit das Volk, und geschäftige Winzer
Machen sich bald zu tun auf der Höh und bald an dem Abhang;
Neckisches Rufen ertönt um die Wette. Da hemmen die Wandrer
Drunten am Ufer den Schritt, und sie und die Schiffer im Kahne
Singen ein Lied zum Spott auf die Faulen, das hallt aus den Felsen
Wieder, aus Wipfeln des Waldes und aus des Flusses Gewölbe.
Doch nicht Menschen allein entzückt die prächtige Landschaft:
Denn auch des Waldes Faunen und glutenäugige Nymphen
Spielen an Ufers Rand, und die ziegenfüßigen Pane
Treibt die verwegene Lust, sie springen hinein in die Fluten:
Aber die Nixen verbergen sich scheu und enteilen zur Tiefe,
Schaun sie die plumpen Gesellen im Wasser so wühlen und platschen.
Oder es schleicht hinauf ein Moselnixchen zum Weinberg,
Stiehlt ein Träubchen und mischt sich unter die Nymphen des Berges,
Bis ihr ein lüsterner Faun sich naht, da flieht sie erschrocken.
Ja, man erzählt, wenn im Mittag stehe die goldene Sonne,
Schlängen vereint ihren Reigen die Wassernixen mit Satyrn
Drunten am Moselstrand, dieweil ob drückender Schwüle
Ferne die Menschen seien und nirgend ein Lauscher zu fürchten:
Ins Element, in das heimische, drauf eintauchen die Nixen,
Aber die Satyre nach, doch die neckischen Mädchen entschlüpfen;
Satyre sind Nichtschwimmer, da greifen sie denn nach den glatten
Gliedern und fassen enttäuscht in die glatten fließenden Wellen.
Doch das hat ja keiner gesehn, drum ist es verboten,
Davon mehr zu erzählen als das, was ich eben berichtet;
Wissen allein nur darf es der Strom, der bewahrt das Geheimnis.
Lasset uns lieber schaun, was man darf: die beschatteten Berge,
Die sich spiegeln im leuchtenden Strom, daß die fließende Welle
Gleich einer Laube dir scheint und der Fluß mit Grün überzogen.
Welch ein Farbenspiel, wenn der Abendstern nun heraufsteigt,

Länger werden die Schatten und Mosel und Berge verschmelzen!
Seht, wie der Hügel verkehrt dort schwimmt, wie zittert der Traube
Schemen, kristallener Flut entwächst ein strotzender Weinberg,
Jeglicher Stock so klar, der Schiffer er könnte sie zählen,
Der die Mosel durchfährt in dem holzgezimmerten Nachen —
Mitten hindurch, wo das Bild des Hügels schwimmt in dem Flusse,
So daß der Fluß verwischt die wiedergespiegelten Bilder.

V. Schifferspiele (Vers 200—239).

Freundlich ist auch zu sehen das Schauspiel mitten im Strome,
Wenn Wettfahrten beginnen die ruderfüßigen Nachen:
Wie sie sich winden und drehn, manchmal die sprossenden Halme
Streifen am Ufersaum auf den frischgemäheten Wiesen!
Hinten und vorn in den Kähnen die Schiffer in eifriger Unruh,
Und wie tummelt sich alt und jung so vergnügt auf dem Wasser!
Wer zusieht, dem verflieget die Zeit, er versäumet sein Tagwerk
Über der Schau, und vor Freude vergißt er, was er zu tun hat.
Wenn Gott Bacchus zuweilen die Rebenhöhen umschreitet
An dem Vesuv, dem rauchenden Berg, an dem schwefligen Gaurus,
Sieht er wohl auch so Spiele mit an auf dem Meere von Cumä:
Seeschlacht spielen auf Venus Geheiß die holden Amoren
Dort zur Feier des Siegs, den ihr Liebling erfocht, ihr Augustus,
Einst bei Actium, wo er zur Flucht mit seinen Galeeren
Zwang Kleopatras Schiffe vom Nil an dem Felsen von Leukas.
Oder es spielen die Barken von Cumä auf dem Averner
See ihm die Schlacht von Mylä vor, die Pompejus verloren
Einst, in dem Angesicht des sizilischen Berges Pelorus:
Wie sich da Schiffergefechte, der Kähne gefahrloser Anprall
Spiegeln in dunkler Flut, der Seeschlacht scherzendes Abbild,
Grade so zeiget der Fluß auch hier mutwilliger Burschen
Jugendlich heiteres Spiel und die Schnäbel farbiger Boote.
Wenn sie die Sonne nun gar bescheint mit strahlenden Gluten,
Zeichnen sich klar in kristallener Flut die Schiffergestalten,
Vorwärts beugt sich der Leib, nur verkehrt ist alles zu schauen.

Sehet, wie flink die Arme sie regen nach rechts und nach links hin,
Wie sie wechseln die Ruder, daß jeglichen treffe die Reihe:
Alles das wiederholt des Wassers fließender Spiegel;
Aber die Schifferknaben erfreut das getroffene Bildnis,
Werden nicht müde zu staunen und zu betrachten das Trugbild.
So, wenn die Amme die Haare dem kleinen Liebling gelockt hat,
Und sie zum erstenmale dem Kind den glänzenden Spiegel
Vorhält, daß es den Schmuck, den neuen, gebührend bewundre,
Freut sich unbändig das kleine Geschöpf des blinkenden Spielzeugs,
Meint, es wäre dahinter ein zweites, artiges Fräulein,
Küßt das blanke Metall, das allen Liebkosungen kalt bleibt,
Oder sie will an der Nadel ziehn, sie will mit dem Finger
Zupfen, die ihr die Stirn umrahmen, die niedlichen Löckchen.
So an dem Spiele der Schatten ergötzt sich die rudernde Jugend,
Freut sich am Spiegelbild, das wahr und doch wieder falsch ist.

VI. Fischfang (Vers 240–282).

Wo's einen Weg nur gibt, der bequem zum Ufer hinabführt,
Räuberisch stürzet die Schar dorthin und durchwühlet die Tiefe,
Fische zu fangen, die, ach! umsonst an dem Grunde sich bergen.
Dort in der Mitte des Stroms zieht einer an triefender Leine,
Schleppt in gestricktem Garn sich heraus die betrogenen Scharen;
Wieder ein anderer wirft, wo ohne Strömung das Wasser
Stille buchtet, ein Netz, mit schwimmendem Korke bezeichnet.
Dort auf dem Stein sitzt einer, der beugt sich über die Fluten,
Hält in der Hand eine Rute mit abwärts schwingender Spitze,
Wirft seine Angel hinaus, mit dem tödlichen Köder versehen.
Gierig fallen sie drauf, das Fischvolk merket die List nicht,
Schnappt mit dem Maul, da sitzt gleich fest das verborgene Eisen
Tief im Gaumen: sie spüren die Wunde, wenn es zu spät ist.
Zappelnd künden sie selbst ihr Verhängnis, ziehen die Schnur kraus,
Und wo sie zittert und schwankt, beugt tief sich die Rute nach unten.
Jetzt gilts: sausenden Rucks zieht heraus der Knabe die Beute,
Faßt sie und wirft sie zur Seite geschickt! das war dir ein Zischen,
War ein pfeifender Ton durch die Luft und war dir ein Klatschen,

Gleich als hätte soeben mit Peitschen einer geknallet.
Hoch schnellt auf von dem trockenen Steine der nasse Gefangne,
Tödlich von dem Geschosse getroffen des leuchtenden Tages.
Nur in den Fluten gedeihet die Kraft den Wasserbewohnern,
Aber der Luft todbringender Hauch, er verzehret ihr Leben:
Matter werden die Schläge, und kraftlos zucket der Körper,
Schon erstarret der Schwanz, im letzten Kampfe des Todes,
Offen stehet das Maul, und den ängstlich schnappenden Kiemen
Wird die mühsam geatmete Luft zum tödlichen Gifte.
So, wenn der Blasbalg geht und das Feuer facht in der Schmiede,
Spielt wohl gegen das buchene Holz die wollene Klappe,
Ziehet die Luft bald ein und preßt sie dann wieder zusammen.
Einmal hab ich gesehn, wie im letzten, tödlichen Zucken
Fische sich flink in die Höhe geschnellt, und siehe, sie kamen
Glücklich wieder hinab in das unten fließende Wasser,
Wohin je zu gelangen sie schon verloren die Hoffnung.
Nach vom Steine der törichte Knabe: die Beute nicht lassen
Will er und sucht sie im Schwimmen, vergebliche Mühe! zu haschen.
So sprang Glaukus einst ins böotische Meer bei Anthedon,
Da er vom Zauberkraute der Göttin Circe gekostet,
Kraut, nach dessen Genuß er die schon sterbenden Fische
Rasch sich erholen gesehn: zum Fische ward er nun selber.
Er, der mit Angel und Netz durchforscht die Tiefen des Meeres
Sonst, der der Tethys Reich bisher durchstöbert als Räuber,
Tummelt sich nun inmitten des Schwarms der früheren Feinde.

VII. Landhäuser an der Mosel (Vers 283—348).

Drunten am Fluß stehn langegereiht Landhäuser und schauen
All diese Dinge mit an, mit hohen Giebeln am Felsen
Lehnend; mitten hindurch der Strom in schlängelnder Krümmung,
Und so glänzen die Ufer, die beiden, im Schmuck der Paläste.
Lasset das Rühmen nur sein von Sestos und von Abydos
Am Hellespont, den einst durchschwommen der mutige Jüngling,
Sprecht von der Brücke mir nicht, die vom asiatischen Ufer

Einst Darius der Große, der Perserkönig, geschlagen,
Da, wo die salzige Flut Europa gerissen von Asien:
Keines Ozeans Wut, nicht der Stürme rasende Kämpfe
Trennen uns hier, man schickt die Stimme von Ufer zu Ufer,
Plaudert und klatscht im Wechselgespräch mit denen da drüben,
Grüßende Worte begegnen sich traut auf den schmeichelnden Wogen,
Worte, ja beinah die Hand, und schallt es hinüber, herüber,
Trägt es das Echo der Wellen dahin zurück, wo es herkam.
  Wer wohl könnte den Schmuck, die architektonischen Formen
Alle beschreiben, die dort man schaut an Villen und Gärten?
Hat denn Dädalus einst hier gewirkt, der den Tempel zu Cumä
Gründete, wo er versuchte, den Todessturz seines Sohnes
Nachzubilden in Gold, und konnt es vor Gram nicht vollenden?
Archimedes vielleicht, der zum Staunen des Feinds die Belagrung
Von Syrakus so lang hinzog? vielleicht der Athener
Philo? Ach, hätte gesehn diese Bauten Terentius Varro,
Hätt er auch ihrer gedacht in dem Buch, wo er hundert mal sieben
Treffliche Männer preist: Menekrates hat hier gewaltet
Oder der Meister des Tempels von Ephesus, oder Iktinus,
Scheint's, der am Parthenon baute, der dort eine magische Eule
Schuf, die die Vögel lockt und mit Zauberblicke sie tötet.
Wirkte vielleicht Dinochares hier, der Künstler Ägyptens,
Der Ptolemäus schuf den Palast und wundersam baute
Die Pyramide, die nie wirft Schatten? und der für den König
Der Arsinoe Bild, des Herrschers Gemahlin und Schwester,
Schwebend in freier Luft aufhing im Tempel der Hauptstadt?
Denn ein starker Magnet am Gewölbe zog wie ein Windhauch
Zu sich empor das Bild und packt' es am eisernen Haare.
  Diese wohl, oder doch Meister wie sie, so möchte man sagen,
Haben im Belgierlande die prächtigen Häuser gegründet,
Haben gebaut, zur Zierde des Stromes, die ragenden Villen.
Hoch ist die eine gestellt auf den Grund des lebenden Felsen;
Die dort ruht auf dem Damm an des Ufers äußerstem Vorsprung,
Abseits jene und doch an dem Strom, in der lieblichen Buchtung;
Eine dort hoch auf dem Hügel, der dicht an die Mosel herantritt,
Wer dort wohnt, sieht weit über fruchtbare Auen und Wälder —

Selige Schau, er denkt, das alles sei ihm zu eigen! —
Seht, und mit niedrigem Fuß steht dort die gar in den Wiesen,
Klüglich erlangte sie doch den Vorteil höheren Standorts,
Denn in den Äther hinein, wie drohend, ragen die Mauern,
Ragt ein gewaltiger Turm, wie der Pharus dort in Ägypten.
Diese behagt dem Angler: bequem auf den niemals gepflügten
Klippen sitzt er und fischt in dem felsumflossenen Strudel;
Während die andere dort auf dem höchsten Gipfel des Berges
Steht und schwindelnd nur in den unten fließenden Strom blickt.
Wer kann zählen die Häuser, an saftigen Wiesen gelegen,
Wer wohl alle die Dächer, gestützt auf Wälder von Säulen?
Oder die Bäder, die dicht an dem Ufersaume gegründet,
Unaufhörlich den Rauch entsenden aus festen Gewölben,
Wo in das heiße Gemach der Feuergott brennenden Atem
Aushaucht, daß in gewaltiger Glut sich ballen die Dämpfe!
Manchen sah ich, der hatte genug des vergossenen Schweißes,
Dem war leid sein Badegemach und der eisige Kühlraum,
Schwamm drum lustig hinaus in die Flut, ihre Wellen zerteilend,
Labte sich an dem erquickenden Bad in der offenen Mosel.
Sicherlich! käme daher von Neapel einer gewandert,
Nennt' Klein-Bajä gleich er unsere liebliche Gegend,
Denn man findet, wie dort, des Lebens glänzende Freuden,
Nur daß hier der Genuß sich eint mit mäßigem Aufwand.

VIII. Nebenflüsse der Mosel (Vers 349—380).

Doch wann endet das Lob, das deinen bläulichen Fluten
Gilt? ich treib es so weit, daß ich dem Meere dich gleiche,
Mosel, dieweil du der Flüsse so viel in vielfacher Mündung
Aufnimmst. Nicht mit zögerndem Gang, nein, flüchtigen Laufes
Nahen sie deinem Schoß, zu verlieren Namen und Dasein.
So, durch Bäche verstärkt, die Prüm und die Niems, eilt erstlich
Sauer dir zu, wohl wert in deiner Flut zu verschwinden,
Sauer, die freudig zum Opfer sich bringt mit all ihren Bächen:
Ist es doch rühmlicher ihr, jetzt deinen Namen zu tragen,

Als sich ruhmlos allein den Weg zum Meere zu suchen.
Drauf die reißende Kyll und die Ruwer, die marmorberühmte,
Können nicht schnell genug dir senden die dienenden Wasser.
Reich ist an trefflichen Fischen die Kyll: die andere aber
Mahlet das Korn und treibt des Mühlsteins mächtigen Umschwung,
Zieht durch des Marmors glattes Gestein ihre kreischenden Sägen,
Und so wandert sie mitten hindurch durch ewiges Tosen.
Kaum darf ich rühmen die Thron, die kleine, noch preis ich die seichte
Lieser und kann das Lob nicht singen des winzigen Salmbachs,
Weil mir die Saar längst winkt in dem wogenrauschenden Kleide:
Schiffbar ist sie und stark, und langhin dehnte den Weg sie,
Daß an der Kaiserpfalz sie müd ihre Wogen zur Mosel
Wälze. Doch kleiner als sie durchwandert fruchtbare Gaue,
Gleitet mit sanftem Gang durch üppige Gründe die Elz hin.
Noch unzählige mehr mit schnell und schnellerem Laufe
Strömen dir zu, um die deinen zu sein: o seht, wie sie eilen!
Ehrgeiz treibt sie und Pflicht. Ach! hätte dich, göttliche Mosel,
Smyrnas Dichter besungen und der, den Mantua sein nennt,
Simois stünde zurück, der Strom in Iliums Auen,
Dir überreichte sogar die Tiber die Krone der Ehren.
Roma, du mächtige Göttin, verzeih! dir bleibe der Neid fern!
Nemesis, schütze — du bist ja keine latinische Gottheit —
Schütz an der Mosel den Kaisersitz der waltenden Roma!

IX. Die Bewohner des Mosellandes (Vers 381—414).

Heil dir, o Moselland! an Frucht so reich und an Männern!
Ruhmvoll blühen Geschlechter daselbst, kriegstüchtige Jugend,
Und es gedeiht, wie in Rom, auch hier die Gabe der Rede.
Aber das Beste wohl ist, daß Natur den Söhnen der Mosel
Huldvoll Tugend verlieh und dazu fröhlichen Geist gab.
Darum braucht man nach Rom nicht zu gehn, um Männer zu finden
Gleich den strengen Catonen, und auch zum alten Athen nicht,
Wenn man ein Muster sucht der Gerechtigkeit, wie Aristides.

Doch wo schweif ich, die Zügel verhängt? ich vergesse der Mosel,
Und ich liebe sie doch so sehr. O, nimm, meine Muse,
Erst wenn die letzten Töne verhallt, die Leier hinweg mir!
Einst wohl kommt die müßige Zeit, wo Studien freundlich
Mir verscheuchen die Sorgen und sonnig verklären das Alter:
Ehre dann bringt mir würdiger Stoff, dann preis ich die Männer
Einzeln alle, die Belgiens Schmuck, ich besinge sie alle.
Ja, dann spinnen die Musen mir glänzende Fäden, die geben
Liebliche Lieder, die web ich hinein als duftigen Einschlag,
Dann wird Purpur auch auf unserer Spule gefunden!
Wen dann werd ich nicht alles besingen? den friedlichen Gutsherrn,
Dann der Bedrängten erhabenen Schutz, rechtskundigen Anwalt;
Ratsherrn unserer Städte sodann und die würdigen Männer,
Die dieser Rat sich zu Häuptern erkor; dann folgen die Lehrer,
Die in den Rednerschulen gewirkt mit so glänzendem Ruhme,
Daß er schier reicht an den des alten Quintilianus;
Provinzial-Statthalter, die fleckenlos ihre Beile
Hielten und ihr Tribunal stets frei von schuldlosem Blute;
Vom zweithöchsten Rang die Präfekten darauf, die regieren
Über Italien und die nördlich wohnenden Briten;
Endlich besing ich den Mann, der Rom beherrscht und das Volk dort
Und den Senat — zwar fehlt ihm annoch die oberste Würde,
Aber den Höchsten stand er schon gleich. Es eilet Fortuna,
Nach das Versäumte zu holen, ihm Ehren zu geben und Ämter,
Die ihm versagt bisher, doch in vollem Maße gebühren:
Mög er ein Vorbild sein dereinst den würdigen Enkeln!

X. Vereinigung der Mosel mit dem Rhein (Vers 415—437).

Aber nicht jetzt schon besing ich die alle — es harrt der Vollendung
Erst mein Lied: denn es muß noch hinab durch grüne Gefilde
Ziehn mein glücklicher Fluß, dann weih ich ihn freudig dem Rheine!
Breite denn aus, o Rhein, kristallgrüne Wogengewänder,
Nimm in den schimmernden Schoß den Bruderstrom! Mache Platz ihm,
Denn du gewinnst dadurch: dir schenkt er all seine Fluten,

Und er erzählt dir so viel von der Kaiserstadt, die ihn gesendet.
Grad jetzt hat er geschaut des Sohnes und Vaters Triumphzug,
Die an dem Neckar geschlagen den Feind und bei Lupodunum
Und an der Donau Quell, der Roms Annalen noch fremd ist.
Dir bringt frisch er die Kunde des eben errungenen Lorbeers,
Größeres kommt bald nach. So fließt denn innig verbunden,
Wälzet vereint in das purpurne Meer die verschwisterten Wogen!
Fürchte dich nicht, o du herrlicher Rhein, als leide dein Ansehn:
Neidlos ist der Gefährte, nicht will er den Namen dir rauben.
Nimm, dir bleibet der Ruhm, nimm mit den lieblichen Bruder!
Breit ist das Bett, von Nixen belebt, hat Raum für euch beide:
Fließet gesondert einher, doch gemeinsam seien die Ufer,
Bis an dem Meere sich scheidet der Strom in vielfache Mündung!
Erst durch die Mosel gestärkt, wirst, Rhein, du zum wirklichen Grenzwall,
Unüberschreitbar den Franken, Chamaven und allen Germanen;
Doppelt bist du geworden, seitdem ein Bruder dir zufloß,
Strömest aus einem Quell, doch jetzt ein zwiefaches Wesen.

XI. Der Dichter verheißt später nochmals die Mosel zu preisen; er stellt sie über die Flüsse Galliens (Vers 438—483).

Aus ist das Lied. Ich sangs, Ausonius; heiliges Gastrecht
Knüpft mich eng an das belgische Land; ein Römer von Namen,
Stamm ich von dem Geschlecht der Vivisker, ferne geboren
Bin ich in Gallien, dort, wo die Pyrenäen sich heben,
Wo in dem milden Land Aquitanien heitere Sitte
Herrscht. Kühn sang ich ein Lied auf bescheidener Leier, zufrieden,
Wenn ich auch ärmliche Gabe der göttlichen Mosel gespendet,
Fordere drum kein Lob, nur Nachsicht; haben doch viele
Deinethalben, o Strom, der Musen Gunst sich erbeten,
Haben erschöpft beinahe der Dichtkunst Born, Aganippe.
Aber entläßt mich einst in die burdigalische Heimat
Unser erhabener Kaiser und baut mir ein Nest für das Alter,
Schenkt mir die Rutenbündel vielleicht und kurulische Ehren,
Wenn vollendet die Bildung der Prinzen, die jetzo mir obliegt:

Falls mir noch eine Ader quillt aus dem Borne der Dichtung,
Stimm ich wiederum an dein Lob, du Strom in dem Norden,
Preis auch die Städte, daran deine schweigende Woge vorbeifließt,
Oder die hoch vom Berg mit alternden Mauern herabsehn,
Nenne die Festungen auch, die gebaut für die Tage des Krieges,
Sind sie auch jetzt, o gesegnete Zeit! verwandelt in Scheunen;
Preise den Landmann auch, den glücklichen, hüben und drüben,
Dich dann wieder, o Strom, der du all die beackerten Felder
Gleitend streifst und froh durch üppige Fluren einherziehst.
Dir darf nicht die Loire sich gleichen, die reißende Aisne,
Marne, die Gallien trennt von Belgien, noch die Charente,
Ob sie auch Ebbe empfängt und Flut vom santonischen Busen,
Auch die Dordogne nicht, die den eisigen Bergen entströmet,
Selber des Tarn goldführender Strom, dir läßt er den Vortritt,
Und der tosend entstürzt dem Berg über rollende Felsen,
Dort der Adour im tarbellischen Land, erst muß er der Mosel
Huldigen als seiner Herrin, dann darf er ins purpurne Meer gehn.
Wenn man achtet mein Lied, das die Muse bescheiden gesungen,
Mächtiger Fluß, dann wirst du geehrt an fernen Gestaden,
Wirst du geehrt nicht nur an dem Ort, da hoch du geboren,
Wo aus vergoldetem Horn dein Quell strömt, göttlicher Ehren
Teilhaft, auch nicht nur, wo du sanft die gewundene Bahn ziehst,
Nicht nur, wo im germanischen Land deine rauschende Mündung:
Würdiget man, zu lauschen dem Sang, den die Muse mir eingab,
Wirst du in jeglichem Lande geehrt, man preist dich in Liedern,
Reden werden von dir die Seeen, die Quellen, die blauen
Flüsse zumal und der Stolz der Gaue, die uralten Wälder.
Ehren soll dich die Drome, die Durance, die über die Ufer
Schäumt und das Alpenkind, die Rhone, die durch Arelatum
Fließt und den Namen gibt auf dem rechten Ufer dem Stadtteil:
Seeen will ich es sagen und stolz hinrauschenden Strömen,
Wie du so schön, und am Meer meinem Heimatfluß, der Garonne!

Trier.

Längst schon sollt ich es preisen, das waffengewaltige Gallien,
Mit seinem Kaisersitze, mit Trier: dem Rheine benachbart
Liegt es und ruht doch sicher, wie mitten im Schoße des Friedens,
Denn es ernähret und kleidet und waffnet die Heere des Reiches.
Weithin ziehen den Hügel hinan die gewaltigen Mauern,
Aber in breitem Strom treibt sanft vorüber die Mosel,
Fernher bringend die Waren der alleserzeugenden Erde.

Fortunatus.

Metz.

(An Vilicus, Bischof von Metz).

Meergleich dehnen sich aus der Mosel bläuliche Fluten,
  Aber gemächlich zu Tal treibt der gewaltige Strom.
Heimlich küsset die Flut am frühlingsgrünen Gestade
  Duftende Gräser und wäscht jeglichem Hälmchen das Haupt.
Siehe! von rechts her fließet ein Fluß, der Salia heißet,
  Nur eine ärmliche Flut führet er träge herbei;
Doch wo er klar nach gewundenem Lauf mit der Mosel sich einet,
  Stärkt er den größeren Fluß, während er selber vergeht.
Hier ward Metz, die schimmernde Stadt, die schöne, gegründet,
  Hier, wo ein Doppelgestad reichlich mit Fischen erfreut.
Lieblich lacht dir entgegen das Land im Frühlingsgefilde:
  Hier steht üppige Saat, Rosen erblickest du dort;
Vor dir heben sich Hügel, umzogen mit schattenden Reben,
  Früchte von jeglicher Art bringt um die Wette das Land.
Allzubefestigte Stadt, mit Wall umgürtet und Wasser,
  Waltenden Priesters Gebet wirket dir festere Hut:
Schirm ist Vilicus dir, er kämpft mit himmlischen Waffen,
  Beuget das Knie und hebt dich von dem Boden empor.

Mosel- und Rheinfahrt von Metz nach Andernach.

Wo sich die Mauern heben von Metz, da traf ich die Fürsten,
Flugs absteigen vom Pferd hießen mich freundlich die Herrn;
Mußte mit ihnen als Schiffer die Mosel durchrudern im Kahne,
Abwärts in eilender Fahrt ging es den wogenden Strom.
Schlank war, den ich bestiegen, der Nachen, es ruhten die Winde,
Aber vom Schiffer gelenkt, flog er behend durch den Strom.
Anfangs drohten an Ufers Rand die verborgenen Klippen,
Eng ist das Tal, drum hebt höher die Woge das Haupt.
Tief in den Strudel hinein, den wirbelnden, trieb unser Fahrzeug,
Daß beinah in das Boot spritzte der schäumende Strom.
Doch ich entrann und sah rings um mich weite Gefilde,
Hinter uns lag das Meer, vor uns die lachende Flur.
Weiter abwärts führt' uns die Bahn durch die Mündung der Orne,
Pfeilschnell trieb unser Schiff in den verdoppelten Fluß,
Aber es durfte mit Vorsicht nur durchschneiden die Wogen,
Sonst, wie die Reuse den Fisch, hätt uns verschlungen die Flut.
Zwischen den rauchenden Dächern der Weiler drüben am Ufer
Nahn wir dem Ort, wo der Fluß Sauer beendet den Lauf.
Dann zwischen ragenden Bergen und durch ein gewundenes Tal hin
Nieder zur Mündung der Saar gleitet der fließende Strom.
Sichtbar wird ein mächtiger Wall: wir kommen nach Trier,
Immer noch Hauptstadt ist's, würdig des würdigen Volks.
Darnach trägt uns der Fluß vorüber dem Kaiserpalaste,
Längst entschwundene Pracht deuten die Trümmer noch an.
Vor uns heben sich rechts und links hochragende Berge,
Drohend steiget der Fels bis zu den Wolken hinan.
Seht, wie die steile Wand zu dem höchsten Gipfel hinanklimmt,
Bis zu den Sternen zu gehn scheint sie uns, schauerlich wild.
Aber nicht nutzlos ist dies steinige Schiefergebröckel,
Bringt es doch üppige Frucht, trieft doch der Felsen von Wein.
Schau nur, die Hügel sind alle geschmückt mit grünendem Laube,
Und mit der Rebe Gerank spielet die fächelnde Luft.
Seht, durch Marken begrenzt, zieht aufwärts Weinberg an Weinberg,

Sorgsam in Zeilen gepflanzt, bis zu der Stirne des Bergs:
Zwischen dem starrenden Fels des Winzers liebliche Pflanzung,
  Rötlicher Trauben Pracht zwischen dem grauen Gestein!
Und wo die Honigfrüchte dem trockenen Felsen entsprießen,
  Wo in dem Schiefergeröll lachende Trauben gedeihn,
Wo der rankende Wein an den kahlen Bergen hinanklimmt
  Und sein schattendes Laub trockene Halden umzieht,
Schneidet die farbigen Beeren in fröhlicher Ernte der Winzer,
  Liest sie, während er hängt hoch an dem hängenden Fels.
Augenweide mir gabst du genug und Weide den Lippen,
  Da ich dich schaute vom Kahn, liebliches Moselgefild!
Fürder trägt uns der Strom zu Gondorfs Kähnegewimmel,
  Stolz auf des Berges Haupt steht eine alternde Burg.
Endlich gelang ich dahin, wo die beiden Ströme sich einen,
  Wo zu dem schäumenden Rhein Mosel, die liebliche, zieht.
Während der Reise schenkten die Wasser den Königen reichlich
  Fische, in wimmelnder Schar bot sie den Fürsten der Strom.
Aber, daß es an keinem Genuß dem Wanderer fehle,
  Tönte Musik um uns, trank Melodien das Ohr.
Kaum war gesungen ein Ton, gleich gaben ihn wieder die Berge,
  Treu aus dem Felsengeklüft hallte zurück unser Lied;
Sanftere Töne entschwebten sodann den ehernen Saiten
  Oder den Flöten: es gab Antwort vom Berg das Gehölz!
Bald mit zitterndem Klang und bald in vollen Akkorden,
  Wie sie den Saiten entströmt, hallt die Musik aus dem Fels.
Also verbindet der Lieder Gewalt die getrennten Gestade,
  Und aus dem Fluß und dem Berg schallet die Weise zugleich:
Solcherlei sinnt, zu ergötzen ihr Volk, der Könige Gnade,
  Daß ihrer Herrschaft Joch sanft einem jeden erscheint.
Rasch zu den Mauern dann von Andernach sind wir gekommen,
  Und an dem Ziele der Fahrt war das beladene Boot.
Hier auf den Hügeln prangt in dichten Reihen der Weinstock,
  Üppiges Fruchtland füllt unten die Ebene aus.
Aber noch reicher ist an Gut diese liebliche Landschaft,
  Denn für das Volk entwächst noch eine Ernte dem Strom.
Sitzen die Könige nun auf dem Thron vor ihrem Palaste,

Sind zu dem festlichen Mahl drinnen die Tische gedeckt,
Können die Netze sie schaun, wo der Salm sich fängt im Geflechte,
Von dem erhabenen Sitz zählen, wieviel in dem Netz.
Geht zur Tafel der Fürst, da sieht er den Fisch aus den Fluten
Ziehen, es lacht ihm das Herz, bringt man den köstlichen Fang.
Gnädig beschaut er die Beute, und glücklich ist das Gesinde;
Hat sich geweidet der Blick, setzt man sich nieder zum Mahl.
Und da erscheint der Bewohner des Rheins mit seinen Genossen,
Herrschern zur Labe bestimmt, hier an dem fürstlichen Tisch!
Möge dies Schauspiel lange gewähren der Herr Euch Herren,
Mögt manch fröhlichen Tag Ihr noch bescheren dem Volk!
Huldvoll blicket herab auf die Euren, alle beglückend,
Auf Euer königlich Haupt kehre der Segen zurück!

Die Burg des Bischofs Nicetius.

Berge siehet man, steil und in mächtiger Masse gelagert,
Nahe dem Ufer erhebt hoch sich ein felsiger Kopf.
Steine bilden den Gipfel und niemals geschorenes Dickicht,
Trotzig hebt er das Haupt, denn er beherrschet das Land.
Ringsum senkt sich ein Tal und tritt zur Seite bescheiden,
Weil er dem Grund entsteigt, scheint um so höher der Berg.
Unten die schwellende Mosel und — Rhone heißt es — ein Bächlein,
Emsig beide bemüht, Fische zu spenden dem Ort.
Sonstwo spülen die Wogen die Frucht wohl weg vom Gestade,
Aber, o Maifeld, dir schaffen sie Speisen herbei.
Wenn das Wasser wächst, so bringt es die Fische noch näher:
Ein und dieselbe Gewalt raubet und nähret zugleich.
Auf der Ebene steht das Korn in wallenden Gassen,
Wer es siehet, der wünscht: möge die Ernte gedeihn!
Und an dem künftigen Segen schon weidet der Bauer die Augen,
Was der Herbst ihm verspricht, rechnet im stillen er aus.
Rund lacht liebliche Flur, die bedeckt mit saftigem Rasen,
Auf seines Teppichs Pracht weilet der schweifende Blick.
Wie Nicetius hier als Apostel gewandelt, erwählt' er

Diesen Ort, um als Hirt sich eine Hürde zu baun,
Würdig der Herde, umschloß mit dreißig Türmen den Hügel,
Da, wo ein Wald bisher, hob sich ein stattlicher Bau.
Mauern steigen vom Scheitel des Bergs in vielfachen Armen,
Bis wo der Mosel Strom ihnen die Grenze gesetzt.
Auf den Gipfel des Felsen gebaut, erglänzet die Hofburg,
Und ein gewaltiges Haus türmt sich, ein Berg auf dem Berg.
Weithin schloß den Bezirk er ein mit gürtender Mauer,
Und sein Haus schon allein bildet für sich eine Burg.
Marmorne Säulen ragen und stützen die hohen Balkone,
Wo er im Sommer hinab schaut auf die Nachen im Strom.
Dreifach übereinander getürmt aufsteiget das Bollwerk,
Ganze Morgen, so scheints, sind hier mit Bauten bedeckt.
Steil gegenüber ragt auf dem Hügel noch eine Feste,
Sie ist ein Heiligenhaus, ist auch mit Waffen gefüllt.
Drinnen stehet ein Schleudergeschütz mit doppeltem Laufe,
Traf das Geschoß, dann fliegts mordend noch weiter die Bahn.
Unten bewässern Kanäle das Land aus dem schlängelnden Bächlein,
Mühlen, gerafft von der Flut, mahlen Getreide dem Volk.
Und an dem steinigen Hang sind gepflanzt weichsaftige Trauben,
Wo sonst rauhes Gestrüpp, wird jetzt die Rebe gebaut.
Bäume stehen umher, mit den edelsten Früchten beladen,
Und in der Frühlingszeit blüht es und duftet es rings.
Aber zuletzt bist du doch der Geber all dieser Güter,
Der du die Herde so gut weidest, du trefflicher Hirt!

Erklärung der Namen.

(Die Zahlen beziehen sich auf die Seiten, wo die Namen vorkommen.)

Abydos, auf der asiatischen Seite des Hellespont, Sestos gegenüber, wo einst Leander hinüberschwamm zu Hero, seiner Geliebten (17).
Actium, Vorgebirge in Griechenland, bei der Insel Leukas, wo Augustus 31 v. Chr. Antonius und die Königin Kleopatra besiegte (15).
Adour, Aturrus, fließt in den Golf von Biscaya (23).
Aganippe, wie Hippokrene eine zum Dichten begeisternde Quelle am Musenberg Helikon in Böotien (22).
Aisne, Axona, fließt in die Oise, diese aber in die Seine (23).
Andernach, Antonnacum, später Anternacha (27).
Aquitanien, das Land südlich von der Garonne (22).
Arelatum, jetzt Arles, ursprünglich nur auf dem linken Ufer der Rhone gelegen, später entstand auch auf dem rechten Ufer ein Stadtteil (23).
Äsche, umbra (12), ein der Forelle ähnlicher Fisch.
Avernersee, bei Neapel (15).
Bajä, am Golf von Neapel, das berühmteste Luxusbad der Römer (19).
Barbe, barbus (12).
Barsch, perca (12).
Belgien, das „vordere Belgien" reichte bis auf den Kamm des Hunsrücks, Trier war seine Hauptstadt (9 und oft).
Bingen, Vincum oder Bingium, an der Nahemündung. Dort schlug Felix im Jahr 69 n. Chr. den Führer der aufständischen Belgier, Tutor. Julian hatte 359 Bingen neu befestigt (9).
Bordeaux, Burdigala (9, 22).
Cannä, in Süditalien, wo Hannibal die Römer besiegte (9).
Chamaven, ein Stamm der Sachsen, am Niederrhein wohnend (22).
Charente, Carantonus, mündet ins atlantische Meer (23).
Cumä, Stadt in Campanien, am Meer, älteste griechische Kolonie in Italien, von Euböern gegründet (15, 18).
Dickkopf, capito, eine Karpfenart (11).
Donau, Danubius, ihr Unterlauf jedoch hieß Ister (22).
Dordogne, Duranius, fließt bei Bordeaux in die Garonne (23).
Drome, Druna, linker Nebenfluß der Rhone (23).
Dumnissus, das heutige Kirchberg; der Name ist später auf das dicht dabei liegende Dorf Denzen übergegangen (9).
Durance, Druentia, mündet bei Avignon in die Rhone (23).
Elz, Alisontia, Nebenfluß der Mosel, mündet bei Moselkern (20).
Falerner, Wein vom Golf von Neapel (14).
Forelle, salar (11).
Franken, sie wohnten damals auf dem rechten Rheinufer, zwischen Lippe und Lahn; ihr Land nennt Ausonius Francia (22).
Garonne, Garonna, Garunna und Garumna (14, 23).
Gaurus, Berg am Golf von Neapel, mit vulkanischen Erscheinungen (15).
Gondorf, Contrua, Ort am Unterlauf der Mosel (27).
Gründling, gobio (13).

santonischer Busen, jetzt Busen von Saintonge, nördlich von der Mündung der Garonne (23).
sarmatische Pflanzer; öfter wurden besiegte Sarmaten (aus Südrußland) im römischen Reich angesiedelt, so 359 n. Chr. durch Konstantius. Heep (Bonner Jahrbücher XVIII) erinnert an die Orte Sohren, Niedersohren und Sohrscheid bei Kirchberg (9).
Sauer, Sura, linker Nebenfluß der Mosel, s. Prüm (19, 26).
Schleie, tinca (13).
Seebarbe, mullus (12).
Seille, Salia, rechter Nebenfluß der Mosel, mündet bei Metz (24).
Sestos, am Hellespont, s. Abydos.
Simois, Fluß bei Troja (20).
Smyrna, Stadt in Kleinasien, galt als Heimat des Homer (20).
Stör, silurus, wahrscheinlich bedeutet jedoch dieser Name den Wels, der aber in der Mosel nicht vorkommt (13).
Tabernen, Tabernae, eigentlich = Wirtshäuser, oft zum Eigennamen geworden. Der Ort, den Ausonius meint, ist nicht zu ermitteln (9).
tarbellisches Land, Tarbeller: Volksstamm in der Nähe der Pyrenäen, wo heute die Stadt Tarbes liegt (23).
Tarn, Tarnis, Nebenfluß der Garonne von Osten her (23).
Tethys, Meergöttin (17).
Thron, Drahonus, rechter Nebenfluß der Mosel (20).
Trier, Treveri, Treviri, oder Augusta Trevirorum (10, 24, 26).
Varro, Marcus Terentius Varro, lebte 116—28 v. Ch.; einer der gelehrtesten römischen Schriftsteller; in seiner verlorenen Schrift Hebdomas (die Siebenzahl) hatte er 700 berühmte Männer geschildert, immer zu sieben zusammengestellt. Daraus scheint Ausonius die sieben hier aufgestellten Baumeister entnommen zu haben: Dädalus, Archimedes, Philo, Menekrates, den Meister des Tempels zu Ephesus, Iktinus und Dinochares (18). Dädalus hatte sich und seinem Sohne Ikarus Flügel gefertigt, mit deren Hilfe er aus der Gefangenschaft entkam; Ikarus verunglückte auf dem Flug und ertrank im Meere. Menekrates ist uns nur durch Ausonius bekannt. Dinochares verwechselt Ausonius mit Timochares, von dem berichtet wird, daß er ein derartiges freischwebendes Bild geplant, aber nicht ausgeführt hat. Der Baumeister des Tempels zu Ephesus, dessen Namen Ausonius nicht anführt, hieß Chersiphron (18).
Vesuv, Vesevus, sonst Vesuvius (15).
Vivisker, Stamm am Unterlauf der Garonne (22).
Weißfisch, alburnus, deutsch auch Uklei (13).

Von Karl Hessel sind erschienen:

Rheinlieder, gebunden Preis 2 Mk. Koblenz, W. Groos, Hofbuchhandlung.

Rheinsagen von K. Simrock, 10. Auflage, besorgt von K. Hessel. Gebunden Preis 6 Mk. Bonn, A. Marcus und E. Weber's Verlag.

Sagen und Geschichten des Nahetals. Preis 0,50 Mk. Kreuznach, Harrach.

Sagen und Geschichten des Moseltals. Preis 1 Mk. Kreuznach, Harrach.

Sagen und Geschichten des Rheintals von Mainz bis Köln. Gebunden Preis 3 Mk. Bonn, A. Marcus und E. Weber's Verlag.

Von Mainz bis Köln Auf Rheines Welln! Von Köln bis Mainz Auf Welln des Rheins! 3. Auflage, Preis 1 Mk. Kreuznach, Harrach.

Kreiznach is Trump. Preis 1,20 Mk. Kreuznach, Harrach.

Die ältesten Mosellieder. Ausonius und Fortunatus. 2. Auflage. Preis 0,60 Mk. Bonn, A. Marcus und E. Weber's Verlag.

Dichtungen von Heinrich Heine. Ausgewählt von K. Hessel. Preis gebunden 1,20 Mk. Bonn, A. Marcus und E. Weber's Verlag.

FSC
www.fsc.org
MIX
Papier | Fördert
gute Waldnutzung
FSC® C083411

Kolibri 360 GmbH
Ferdinand-Jühlke-Straße 7
99095 Erfurt, Deutschland
produktsicherheit@kolibri360.de